Armand Namekong Fokeng

Chronique d'une Bactérie Résistante

Armand Namekong Fokeng

Chronique d'une Bactérie Résistante

L'histoire exceptionnelle de la rencontre mystérieuse entre un vétérinaire et Darey la Bactérie Résistante

Éditions Vie

Imprint
Any brand names and product names mentioned in this book are subject to trademark, brand or patent protection and are trademarks or registered trademarks of their respective holders. The use of brand names, product names, common names, trade names, product descriptions etc. even without a particular marking in this work is in no way to be construed to mean that such names may be regarded as unrestricted in respect of trademark and brand protection legislation and could thus be used by anyone.

Cover image: www.ingimage.com

Publisher:
Éditions Vie
is a trademark of
Dodo Books Indian Ocean Ltd. and OmniScriptum S.R.L publishing group

120 High Road, East Finchley, London, N2 9ED, United Kingdom
Str. Armeneasca 28/1, office 1, Chisinau MD-2012, Republic of Moldova, Europe
Printed at: see last page
ISBN: 978-613-9-59412-2

Sommaire

CHRONIQUE D'UNE BACTÉRIE RÉSISTANTE.

AVANT PROPOS.

Si vous n'avez jamais songé à dialoguer avec une bactérie, abstenez-vous de ce livre audio. Amoureux de l'approche « une santé » et de la santé publique générale, il m'est arrivé quelques fois de rencontrer durant mon parcours professionnel un organisme intelligent qui avait la particularité de se moquer du génie intellectuel des êtres humains. C'était un organisme microscopique avec lequel je me suis lié d'une très forte amitié ; une relation qui se poursuit en toute sérénité jusqu'à présent.

Notre rencontre

C'était à l'université du Septentrion, alors que je faisais des efforts pour obtenir des notes me permettant de valider les dernières matières de mon cursus de formation en médecine vétérinaire. Il était exactement 21 h 45 minutes et je rentrais fraichement de notre atelier de lecture et de récitation avec des camarades car vous le savez, la médecine exige une bonne dose de récitation.

Une fois dans ma chambre d'étudiant qui était l'une des plus reculées à l'époque, j'ai profité du silence que m'offrait cette zone pour lire comme à l'accoutumé un livre qui parlait des maladies émergentes et re-émergentes.

Pendant que je promenais mon regard entre les lignes de cet ouvrage, j'ai vu une expression qui ne m'était pas une nouvelle, mais qui m'a parue très exceptionnelle ce jour-là. En effet, c'était un concept qui faisait du chemin partout dans le monde et qui se présentait comme la solution idoine à une meilleure résilience des systèmes de santé publique. Ce concept mettait de l'emphase sur la communication, la collaboration et la coordination des activités de santé entre tous les secteurs et toutes les disciplines existantes. C'était l'approche « une santé », qui A EU le mérite de m'avoir bercé au courant de cette belle nuit, veille d'examen.

Au lendemain de ce jour, je me suis permis de répondre à l'une des questions d'examen en évoquant l'approche « une santé » et cette dernière ne s'est plus désolidarisée de moi, bien au contraire elle a commencé à me présenter quelques-uns de ses champs d'action au rang desquelles les Zoonoses, qui rendaient moins heureux les humains et les animaux, la biodiversité, dont la situation faisait de la terre une planète moins vivante et la Résistance antimicrobienne qui avait un air hilarant à première vue.

Poursuivant mon bonhomme de chemin avec l'approche « une santé », ma nouvelle compagne de route, elle commença à me parler d'un phénomène planétaire qui inquiétait le concert des nations de la pire des manières en précisant toutefois qu'elle, ma compagne était la solution.
À cette période, je savais déjà que l'amitié que je m'apprêtais à bâtir avec l'approche « une santé » allait être historique mais je ne savais pas encore que le phénomène qu'elle venait de me présenter allait devenir mon cheval de bataille jusqu'à ce que je rencontre au campus universitaire du Septentrion l'un de mes enseignants affectueusement appelé Dr « 4M ».
C'était ma dernière année de formation en médecine vétérinaire et normalement j'étais censé choisir un thème de recherche en vue de la préparation de mon travail de thèse de doctorat vétérinaire. Au cours donc de mes échanges avec cet enseignant, Je lui présentai tout d'abord ma nouvelle compagne et ensuite j'en profitais pour lui demander de me proposer une thématique de recherche.
Alors l'enseignant et ma nouvelle compagne se mirent à rire. Face à mon étonnement, le Dr « 4M » me fit savoir que ma nouvelle compagne est une vieille amie à lui et une collaboratrice professionnelle de longue date depuis le début de ses travaux sur la résistance antimicrobienne (RAM).
Voilà comment j'ai su que mes travaux de thèse allaient porter sur la résistance antimicrobienne et qu'ils seront effectués sous l'encadrement du Dr. « 4M » avec la collaboration de notre amie en commun, « l'approche « une santé ».
Après cette rencontre, j'ai continué ma balade avec ma nouvelle compagne qui a profité de ce merveilleux moment pour me présenter l'une de ses meilleures amies. Il s'agissait de DAREY, une bactérie hautement résistante.
La solidarité amicale de DAREY est bel et bien ce qui nous a permis d'avoir des conversations quotidiennes au cours desquelles, elle me donnait ses avis sur chaque maillon de la société. Vous aurez le morceau choisi de chacun de ces échanges entre les lignes cet ouvrage.
À très bientôt.

Bonne lecture !!!

INTRODUCTION

À l'heure où tous vos récepteurs radio et télévision ne cessent de parler de moi avec beaucoup d'acuité, je serais quelque peu hautaine de ne répondre à aucune de vos préoccupations. En effet je suis DAREY, l'une des bactéries les plus résistantes de votre ère ; Mais ne me condamnez pas pour cela car je tiens absolument à vous rappeler que je fais partie de la minorité des bactéries naturellement résistantes, vu que ce sont vos déviations disciplinaires malencontreuses qui m'ont recruté des collègues dans ce travail de résistance. Je vis aisément dans vos matrices corporelles vivantes ou non, dans vos plantes et vos animaux, dans vos hôpitaux et vos élevages.

Comme tout Être biologique, il ne saurait être de ma nature de lésiner avec ma fonction de reproduction. Voilà pourquoi, partout où je me retrouve, ne serait-ce que pour quelques minutes, j'établis une famille suffisamment nombreuse et compétente pour défendre avec ardeur et détermination mes intérêts résidants entièrement dans la résistance.

Après tout, je ne suis qu'une bactérie, mais mon impression me donne de constater que je caracole au sommet du top cinq des personnalités les plus influentes du XXIe siècle. Même l'œil de lynx ne saurait me voir sans faire recours à un microscope haute résolution et pourtant, je donne des sueurs froides à toute une génération de passionnés et de praticiens de la science.

Les pouvoirs publics et la communauté internationale en général, ont de très sombres projets pour moi, raison pour laquelle, animée par mon instinct de survie, je ne cesse de peaufiner jour après jour mon cycle de projet à court, à moyen et à long terme pour croiser le fer de la bataille que m'infligent peu à peu les humains qui redoutent leur extermination prochaine.

Des universités ont consacré des départements entiers pour méditer négativement sur moi ; des médias audiovisuels ou sociaux n'ont cessé de s'engager à ma perte, des plans globaux et nationaux ont été élaborés en intégrant des vétérinaires, médecins, agriculteurs et bien d'autres professionnels dans le but ultime d'entraîner ma chute, de m'anéantir. Cette approche plutôt sexy et intégrée qui inclut tous les secteurs d'activités a été validée. L'approche « un monde, une santé » puisqu'il s'agit d'elle, s'est aussi engagée avec acharnement dans la recherche des voies et moyens de ma destruction. Mais assurément, je reste débout.

Je suis plus que jamais forte car nourrie par les moindres failles de leurs systèmes et la médiocrité de la volonté de certains maillons de leurs chaines de lutte. À chacune de leurs erreurs, j'en ressors fortifiée et encore plus pernicieuse qu'avant, car en vérité, ce qui ne m'aura tuée me rendra forte.

Mes meilleurs partenaires sont ceux qui se moquent des règles d'hygiène d'une part et qui étalent en plein soleil ces substances spéciales conçues pour me tuer d'autre part. Toutefois, la liste n'est pas exhaustive. Je suis DAREY, l'une des bactéries les plus résistantes de votre époque et je prends ainsi le risque de répondre à vos interrogations.

CHAPITRE 1. DE MON ORIGINE (d'où viens-tu ?)

Il me semble que vous tenez à bien connaître ses sources pour mieux vous attaquer au problème. C'est pour moi également une bonne attitude à adopter. Je vais de ce fait vous faciliter la tâche en espérant au moins pouvoir vous aider. Une telle réaction de ma part pourrait sembler suicidaire, mais hélas, vous vous rendrez bientôt compte du contraire. Alors permettez-moi tout d'abord de satisfaire aux caprices de la politesse et tout ira sans doute mieux par la suite. Je suis en effet DAREY, bactérie résistante depuis toujours et disposée à répondre à vos inquiétudes tel qu'annoncé précédemment.

À la question de savoir d'où je viens ? Je dois reconnaître qu'une anxiété légère me handicape et pourtant, pendant le siècle dernier, alors que des tragédies sanitaires ne cessaient d'engloutir l'humanité, moi, DAREY j'existais déjà. Mes colonies n'étaient que très peu connues et ne semblaient aucunement représenter une menace.

Très tôt au 20è siècle lorsque Alexander Fleming découvre une substance capable de tuer mes congénères malheureusement habités par la sensibilité, je suis restée dure à cuire et bien en place sur mes aplombs. À cette époque, j'avais d'énormes difficultés à m'établir de puissantes colonies dans les organismes vivants, parce que mes copains sensibles me mettaient sous le joug de leur supériorité numérique. Heureusement, cette condition s'est estompée quand l'éminent scientifique reconnu par votre « prix Nobel » a fait un exploit scientifique en découvrant la pénicilline. Quand je vis venir cette substance et que mes congénères déjà atteint mourraient les uns après les autres, alors de façon reflexe, je fis ma dernière prière pour implorer le pardon du dieu des bactéries, afin de mériter son paradis avant le moment ultime de ma mort.

Lorsque la substance faisait son bonhomme de chemin, et à mesure qu'elle se rapprochait de moi, ma foi en ce dieu des bactéries ne cessait de grandir au point où je m'abandonnais à sa Toute-puissance bactérienne divine et invisible. Les secondes passaient les unes après les autres en décimant au passage mes frères sensibles. Puis quand soudain survint mon temps, je fus plongée dans un coma profond pendant quelques centaines de minutes. Mais, à mon réveil, je n'étais pas morte, j'avais été plus forte que cette substance tueuse, et je me réjouissais d'être vivante avec quelques cousines, elles aussi préservées par la toute-puissance invisible du dieu des bactéries.

Ayant croisée sur mon chemin la mort, mais cependant toujours vivante, j'ai alors décidé de vivre intensément chacune de mes secondes. La bonne attitude résidait en moi et ma passion pour la vie était désormais sans pareille. La mort de tous mes frères sensibles venait tout juste d'ouvrir la porte de mon émergence. Chaque organisme qui m'hébergeait devenait ainsi ma propre maison que je colonisais jusqu'aux confins. Avec aisance et maîtrise, j'ai installé dans chacun de ses organes une colonie très efficace dans l'harmonie des résistances.

Je n'avais plus qu'un seul souci, le destin de mon royaume car, quelques jours après ma solide installation dans les organes de chaque organisme que je colonisais, leurs texture et structure avaient presque toujours tendance à changer[1] et je me retrouvais ainsi dans la nature, coincée dans une terre ferme.

Je vous l'ai dit, je suis DAREY, bactérie résistante depuis toujours. Je sais me faire une panoplie de semblables, mais d'où est-ce que je viens ? Je n'en sais rien ! Dans le passé, j'ignorais ce pouvoir fabuleux qui réside en moi ; et maintenant que je le sais, ma vie se trouve optimisée. Oui d'où est-ce que je viens? Je n'en sais rien ! Peut-être mon dieu va le savoir, car le grand dieu des bactéries est une puissance infinie qui m'a sauvé dans la tempête. Quant à moi je suis DAREY, disposée pour répondre à vos questions.

[1]Mort de l'organisme colonisé

CHAPITRE 2. QUE PENSES-TU DES BACTÉRIES SENSIBLES ?

La DAREY que je suis, l'élue de toute une génération de bactéries résistantes, se trouve quelque peu inquiète quant à la situation des bactéries sensibles. Elles n'ont malheureusement pas été gratifiées par la condition de favorisée dont je jouis depuis ma création ; et c'est bien dommage car à ce jour, elles subissent les affres de vos violences thérapeutiques. Il est vrai que cette situation me donnant une position de toute puissante bactérie fait également de moi la meneuse du leadership bactérien, mais je dois avouer qu'au-delà d'un remplissage adéquat de mon « réservoir narcissique »[2], cette situation loin de me rendre continuellement heureuse, me soumet quelques fois à d'évidentes peines morales.

J'aurais bien aimé vivre en permanence dans une fierté bien établie, si je m'étais moi aussi investie d'une bonne dose de scrupules bactériens suffisamment aiguisés, ce qui me comble du devoir de penser à secourir mes congénères en situation de précarité, les classant quasiment dans un infime groupe se bactéries en voie de disparition. Je sais que ce dernier ravive le rêve humain d'en finir avec les bactéries nuisibles, même si cela pourrait arborer les couleurs d'une utopie. En effet, les bactéries sensibles pour lesquelles j'ai une pensée positive aujourd'hui ne se laisseront pas faire indéfiniment.

La guerre que l'humain pense avoir gagné pourrait bien se doter d'une partie remise au cours de laquelle, des bactéries supposées vaincues viendront assurer leur revanche et retrouver toute leur noblesse en damant le pion à l'adversaire.

Je vous l'ai dit, je suis DAREY la bactérie résistante et donc épargnée de ce combat chimique. Cependant croyez-moi car, j'ai de l'espoir pour ces bactéries sensibles qui ne cessent d'être la cible de vos batailles sans merci. Ces bactéries de même que l'humain, ne demandent qu'à vivre une vie acceptable, or la vie acceptable de l'un suppose la souffrance, la peine et même la mort de l'autre ; ce qui exclut de ce combat toute éventualité de négociation à l'amiable. Ainsi je suppose que mes congénères sensibles finiront par trouver la bonne recette pour faire face à la hargne des humains.

Connaissant en effet l'irresponsabilité de certains humains, j'ai l'intime conviction que des failles ne sauraient manquer tôt ou tard dans leurs systèmes de défense supposés bien ficelés. Je

[2]Se réfère à la fierté, à l'égo

crois qu'il y a de l'espoir pour ces êtres microscopiques dès lors que, l'humanité laisse généralement sa raison aller à la douleur causée par ces derniers et s'en suivent des décisions hâtives ayant pour conséquence des pratiques proscrites ou peu recommandables[3].

Vous avez dit vouloir savoir ce que je pense des bactéries sensibles. Et bien je sais qu'elles n'ont rien fait de mal pour mériter le sort que vous leur réservez, mais je crois cependant que chacun a le droit de vivre et de défendre son territoire. Leur instinct de survie est grand et peut-être même supérieur au votre. Elles n'ont aucune intention de vous nuire dans vos activités quotidiennes. Mais, gardez toujours à l'esprit que la vie que vous aimez tant est aussi leur plus grande passion. Les bactéries sensibles ont soif de vie, elles désirent une vie où règne la paix, et sont toutes prêtes à payer le prix pour voir cette vie ensoleillée. Je sais également que vous ne voulez aucun compromis car cela consisterait à mettre en péril votre propre vie. Mais en toute honnêteté, je suis disposée à prêter main forte à mes congénères sensibles quand le besoin se fera réel. Ceci pourrait impulser et même susciter des colères ; je vous comprends si bien mais alors, serais-je désormais condamnable juste pour avoir fait preuve de solidarité envers une bactérie en danger ?

En attendant d'éventuelles réponses à cette question, permettez-moi de parachever les éléments de réponse à celle que vous m'avez posée. Les bactéries sensibles pourraient être votre risée, mais prenez garde au revers de la médaille. Je suis quant à moi une bactérie résistante, je suis DAREY et jusque-là observatrice inactive de vos combats, mais bientôt ça ne sera plus le cas. À ce moment, je communique sans égard à toute éthique ; je n'ai aucun secret pour vous ; profitez-en tant qu'il est temps.

[3]Prise de médicaments non spécifiques pour calmer des symptômes sans recourir au préalable à des examens complémentaires.

CHAPITRE 3. QUE PENSES-TU DES AUTRES MICROBES / PARASITES ?

Ah mes chers humains, vous dites à travers vos croyances de ne point juger et pourtant, vous n'avez cessé jusque-là de me poser des questions qui m'invitent au jugement. J'aurais bien pu vous en tenir rigueur mais ma vision assez large des choses me rend plus tolérante et ouverte à des compromis et à la différence.

DAREY c'est mon nom, la bactérie résistante engagée depuis peu dans ce périple aux couleurs d'un interrogatoire. Je vais à l'heure actuelle vous parler sans détour des autres parasites et microparasites qui vous remplissent les veines d'un flux de cortisol[4]. En regardant de près le sens de votre question, un sourire et des pleurs peuvent faire des tours de rôle dans une vie. J'implore donc votre pardon si mes écarts émotifs bactériens venaient à vous offenser.

D'un commun accord, vous avez décidé de sonder ma pensée afin d'y dénicher mes considérations quant aux autres microbes. Alors, soyez en paix car, comme dans un livre ouvert, je vous ferai connaître chacun des atomes de ma pensée pour espérer donner vie à votre satisfaction.

Je suis une bactérie dotée de résistance et j'éprouve un sentiment non pas d'amour, mais de respect envers les autres microbes. Toute la beauté des champignons me donne de vivre une vie épanouie et gratifiante ; la grande variété des virus me force à croire en la richesse, tandis qu'au regard de tous ces êtres en général, je vois une existence efficace, une vie dénuée de toute haine, une vie exempte de tout orgueil, une vie remplie par la passion de vivre, « le vivre ensemble »[5] harmonieux.

Oui mes chers ennemis humains, je vous invite à autant d'entrain pour la vie que ces minuscules êtres qui vous perturbent tant. Osez aimer la vie. Et maintenant, permettez-moi à cet instant précis de vous présenter mes excuses, car sans le vouloir, une leçon de morale a fait effraction dans notre discussion. Nous parlions de virus, de champignons et bien d'autres à la lumière de ma pensée. Voilà pourquoi je vais vous dévoiler l'un de mes plus précieux secrets ; une vérité qui me donne des sueurs froides, un fait certain qui me déstabilise souvent et ne me rassure que quelques fois. Je vais vous dévoiler un secret qui pourrait me fragiliser, car croyez-moi, j'ai de la peine pour vous, je compatis à vos souffrances. Je compte ainsi sur le dieu des bactéries pour me

[4]Hormone du stress

[5]Mots de P. Biya dans son appel à l'unité de la nation

venir en aide après ma délicate confession. Mais avant d'y arriver, j'aimerais vous faire savoir que dans la plupart des cas, vous vous trompez de cible et me tenez toujours pour responsable de vos peines et misères.

Vous faites ainsi l'erreur de diriger la bataille convenable aux auteurs de la douleur, vers l'innocente DAREY que je suis, ce qui me donne tout simplement d'avoir un regain d'énergie qui s'irradie à mes voisines, faisant de ces dernières des fruits puissants de vos erreurs.

J'en viens donc au secret qui aurait pu dans la mesure du possible, sortir votre humanité de l'impasse si vous y preniez bien garde. En effet, de toute la grande mosaïque des virus de l'univers, il est un groupe restreint qui ressent ses aises en moi. Ils vivent dans ma matrice, ces virus spécifiques qui tiennent aussi à dire les mots de leur passage. Dans la plupart des cas, ils ont eu raison de ma vie et ravivé l'humanité. Mais quelques fois aussi, ils distillent de l'espoir dans le règne bactérien en devenant vecteurs des voies de résistance. Ces virus spécifiques découverts par la science ont reçu le nom de bactériophage[6] et font déjà couler beaucoup d'encre et de salive ; alors que moi, DAREY, je les considère comme diffuseurs des gènes de résistance, la science espère quant à elle m'anéantir par le biais de ces virus.

Froide ou chaude, la guerre se poursuit avec l'espoir impressionnant de voir surgir l'heureux vainqueur. Pendant ce temps, les champignons et tous les autres pathogènes seront mêlés à la souffrance et aux misères du genre humain.

Je suis bel et bien DAREY et plus que jamais décidée à vivre malgré toutes ces menaces impétueuses qui en veulent à ma vie. J'admire cette présence épouvantable des bactériophages en moi et autour de moi mais, je ne leur dirai jamais de faire comme chez eux car, ils risqueraient rapidement de transformer cette liberté en libertinage.

En effet, ils ne sont pas chez eux, ils sont chez moi et doivent donc se plier à toutes mes lois car, je suis DAREY, la bactérie résistante qui a ainsi l'honneur de se confier aux hommes.

[6]Virus ayant la particularité de se développer au sein des bactéries

CHAPITRE 3. QUE PENSES-TU DES INFECTIONS ?

Je sais que vous avez toujours tendance à ranger ma présence dans un milieu au sein de la catégorie des mal vus. Lorsque vous me parlez maintenant d'infections, j'ai bien peur que dans vos pensées, vous ne soyiez en train de les qualifier d'enfer. Il ne saurait d'ailleurs en être autrement car ces troubles infectieux savent si bien s'y prendre, lorsqu'il s'agit de vous terroriser au quotidien. J'ai toujours été DAREY, bactérie résistante et vous le savez certainement, mais à présent je vous présente ma deuxième casquette qui est celle de l'agent infectieux hautement pathogène mais rassurez-vous, je n'ai aucune intention de vous nuire.

Prenons tout notre temps pour parler des infections qui semblent visiblement vous intéresser. D'entrée de jeu, je préfère être froide et directe envers vous car je suis en effet un parasite et, toute infection devient ainsi ma raison d'être. L'objet de mon existence c'est l'infection et vous n'irez pas me demander de renier ou même de maudire ce phénomène par lequel j'entretiens ma vie. Heureusement, les infections apparaissent et disparaissent parfois sans vous causer du tort. Cependant, il ne faudrait jamais négliger la petite proportion de celles qui se transforment en maladie car ayant trouvé un terrain fertile dans vos matrices corporelles animales, végétales ou même humaines. Vous êtes tous équipés d'un système immunitaire pour lequel j'ai beaucoup d'estime, mais de temps à autre, je pose mes valises dans des organismes dont les systèmes immunitaires manquent complètement d'autorité ; ce qui me préserve de la dictature des organismes immunitairement souverains.

Dans ces conditions de nonchalance immunitaire[7], j'élève mon train de vie au maximum et c'est mon hôte qui en paie les frais par diverses inconvenances physiques, morales et mentales.

Je vous l'ai dit depuis le début, je suis un parasite et donc dépendante de vos matrices organiques pour ma survie, et s'il ne s'agit que de l'opportunisme, permettez-moi de vous rappeler mon érudition dans le domaine, car je sais m'y faire avec des atouts acquis au fil du temps.

Je sais que vous avez une conscience collective et peut-être un rêve commun, celui de me faire changer mes considérations vis-à-vis des infections. Mais soyons quelque peu sérieux ! Accepteriez-vous inconditionnellement d'en finir avec le carburant de votre vie ? Considérez ma question comme une rhétorique, toutefois laissez-moi vivre malgré les conséquences que cela

[7]Se réfère à un système immunitaire incompétent

pourrait entrainer dans vos vies, car j'ai été créé ainsi et je n'ai jamais demandé à être votre casse-tête chinois[8]. Le tout puissant dieu des bactéries en sait bien mieux, dommage qu'il ne soit que mon dieu et pas le vôtre.

En tout temps, je bénirais les infections et créerais dans la mesure du possible davantage de conditions pour que celles-ci perdurent. N'en déplaise à votre colère puisque, comme vous, je suis constamment motivée par l'instinct de survie avec lequel je suis née. À qui pourrait donc être imputée la responsabilité de cet état des choses ? Ne me demandez surtout pas de réponses à cette question car mes questions sont rhétoriques et ne servent donc qu'à répondre aux vôtres.

Je sais que vous combattez énergiquement les infections, mais est-ce vraiment un combat si je ne me sens presque jamais inquiétée par vos nombreux stratagèmes ? Supposons que cela soit normal, pour ce qui est de la bactérie résistante que je suis. Mais alors, que dire de mes congénères sensibles qui ont eu des regains d'énergie après quelques-uns de vos essais thérapeutiques ? Je crois sincèrement que cette question parle d'elle-même car aucune bactérie ne saurait mener à bien une thérapie antiinfectieuse[9].

Puisque vous avez dit être intelligents, usez donc de vos ressources pour nous éliminer, afin de mener une vie meilleure. Quant à moi, DAREY, la bactérie résistante, je ne cesserais jamais Ô grand jamais de faire la plaidoirie des bactéries et donc des infections bactériennes ou non car, les autres agent infectieux (virus…) nous ouvrent souvent les portent de vos matrices corporelles et dès que nous y entrons, vous vous posez des milliers de questions.

---

[8]Se réfère à un problème complexe à résoudre

[9]Les erreurs humaines sont ainsi incriminées dans les échecs de traitement

CHAPITRE 4. QUELS SONT TES PROJETS À COURT, À MOYEN ET À LONG TERME ?

Voilà une autre question qui semble bien étonnante au regard du commun des mortels. « Comment se ferait-il qu'une bactérie puisse avoir des projets ? et plus encore à court, à moyen et à long terme ? » Oui je suis une bactérie et pas n'importe laquelle, je suis DAREY, la célèbre bactérie résistante. Effectivement, j'ai des projets aux yeux plus gros que le monde et je tiens absolument à les réaliser. J'ai peut-être une ambition démesurée, mais bientôt, vous comprendrez qu'il n'y a que la nouveauté pour inquiéter les conservatistes, ce qui vous sortira assez rapidement de votre immobilisme timoré.

J'ai un désir profond de me bâtir un royaume de plus en plus fort et d'installer solidement mes bases dans tous les espaces que je pourrais traverser pendant mon parcours. Je sais que cela est possible à très court terme, car ma vitesse de croissance et ma rapide capacité de reproduction sont tout simplement ahurissants. Cela me permettra à court terme d'être à la tête d'un royaume extrêmement puissant puisque, du fait de ma propriété originelle, tous vos efforts ne sauraient me freiner dans mon élan. Je suis dès ce moment en train d'installer de solides fondations pour ma royauté qui est très proche. J'envisage d'être à moyen terme la reine de toutes les bactéries, afin de réorganiser leur règne qui a longtemps été perturbé par les populations humaines.

Comme la reine d'Angleterre que vous connaissez tous envers son peuple, j'entends aussi redonner de l'espoir et de la dignité à toutes les bactéries y compris la plus infime d'entre elles. Celles qui comme moi seraient nées avec l'aptitude à la résistance, bénéficieront de quelques privilèges socio-bactériens à condition d'aider les sensibles à survivre aux manigances humaines.

J'aimerais par la suite que ma douce domination s'étende aux autres microorganismes car, la qualité de l'union ne fera qu'améliorer notre force vitale en tant que parasites. Ne vous ébranlez pas en m'entendant dire « douce domination ». En effet, il ne s'agira pas d'une domination en tant que telle ; je serais une souveraine bienveillante et jalouse de l'épanouissement intégrale de mon peuple aussi bien bactérien que parasitaire en général. Ses intérêts seront toujours primordialement défendus dès que besoin se fera ressentir. Mon leadership bactérien sera l'un des plus rares leadership amoureux et sympathiques de toute l'histoire parasitaire.

Maintenant je vais vous demander de me pardonner, puisque je n'ai cessé de parler de parasites depuis que vous m'avez posé la fameuse question suivante : « Quels sont tes projets à court, à moyen et à long terme ? ». Conscient de votre pardon, j'aimerais déjà que vous sachiez que la relation d'inimitié qui existe depuis la nuit des temps entre nous n'en n'est pas une véritablement. Je crois que le sort ou peut-être le destin a voulu qu'il en soit ainsi, c'est à dire que je vive au même titre que tous mes congénères aux dépens de vous. Mais serait-ce donc une raison suffisante pour que règne un si violent climat de haine entre nous depuis des lustres ? je crois bien que non ! et en considérant ainsi que nul n'est responsable de sa condition de naissance, jusqu'à quand nous laisserons-nous abimer par ces tensions inutiles ? Je viens aujourd'hui comme le « messie bactérien »[10] pour vous proposer la voie du salut de notre relation. J'aimerais pour cela que vous puissiez m'accepter ainsi que tous mes congénères parasitaires, en échange de l'adoption immédiate suivie de l'implémentation, d'un planning familial bactérien en particulier et parasitaire en général. Je crois qu'avec une volonté bilatérale sérieuse, nous pourrons enfin réaliser le rêve d'une vie harmonieuse entre les parasites et l'humanité. Nous y arriverons certainement car, toute la grande terreur des haines fléchit toujours face à la bienveillance de l'amour. Quand aura enfin cessé cette guerre à enjeux très peu clairs, qui sème la pagaille dans notre relation, vous serez plus paisibles pendant votre sommeil et votre intelligence sera optimisée à d'autres fins qui bénéficieront dans ce cas, de tous les capitaux destinés aux combats antimicrobiens. En ma posture de DAREY la bactérie résistante, je viens ainsi de vous présenter quelques-uns de mes projets qui consisteront en l'harmonisation d'un règne parasitaire solide placé sous ma douce domination et visant donc à assurer le bien-être des bactéries, des parasites en général et surtout le bonheur de l'humanité.

[10]Sauveur des bactéries

CHAPITRE 5. QUE PENSEZ-VOUS DES FIRMES PHARMACEUTIQUES ?

Les firmes pharmaceutiques sont des mégastructures qui forcent le respect et l'admiration ; leur capacité de séduction est sans pareille à tout point de vue, les unes toujours plus florissantes que les autres.

J'aurais bien pu m'arrêter là avec l'assurance d'avoir apporté une réponse satisfaisante à votre question, cependant, sachant combien vous chérissez l'élasticité des allocutions, je vais tout simplement me plier à vos caprices.

Depuis ma création, j'ai reçu de mon créateur le nom de DAREY et je le prononce fièrement à tous ceux qui s'intéressent aux bactéries résistantes, car j'en fait partie de la plus belle des manières. Nous sommes déjà engagés dans une conversation aux allures de monologues, visant à recueillir la substance de ma pensée quant aux firmes pharmaceutiques. Je ne suis qu'une bactérie et donc je ne saurais me tromper en qualifiant ces structures de brassage non pas de principes actifs seulement, mais aussi et surtout d'argent. Le cout financier et temporel du développement d'un seul médicament nouveau en dit bien long sur cette affirmation[11]. Elles travaillent certes pour le bien de l'humanité à travers des substances nuisibles qu'elles fabriquent contre nous mais également, ce sont de puissantes plateformes de business où règne la rigueur de façon lucrative millimétrée.

De cette rigueur, je m'en félicite, toutefois je ne m'y attarderais pas d'autant plus que l'une des plus grandes missions de ces entreprises, est de s'attaquer indirectement aux maladies. Si mes congénères et moi avons généralement tendance à entrainer des maladies infectieuses, il en existe d'autres et non des moindres que l'on qualifie de maladie métaboliques et non transmissibles. Face à ces deux grands groupes de maladies, je trouve que l'industrie a fait un choix délibéré et discret à un moment de son existence. Les maladies métaboliques auraient ainsi été privilégiées au détriment des pathologies infectieuses, ce ne fut qu'une très bonne nouvelle pour la bactérie résistante que je suis. En effet, si une telle situation perdure, ma vie n'en deviendrait que plus éclairée.

Les mobiles ayant motivés ce choix sont d'ordre économique selon certaines indiscrétions. Et mon cher humain, pourrait-on leur en vouloir sachant qu'elles ne sont pas des entreprises humanitaires ? de toutes les façons, qui suis-je donc pour juger ? je ne suis qu'un être microscopique après tout, même s'il m'arrive parfois de vous donner des sueurs froides.

[11]Il faut en général une dizaine d'années pour qu'une molécule nouvelle investisse le marché

Bien ! revenons au sérieux. Vous enseignez dans vos écoles que les maladies métaboliques sont très souvent chroniques et durent donc toute la vie malgré la prise d'un traitement adéquat ; vous enseignez aussi que les maladies infectieuses ne durent que quelques jours dès qu'elles rencontrent un traitement approprié sur leur chemin. Si le choix des firmes pharmaceutiques a été fait sur cette base, vous comprenez bien qu'elles aient raison de défendre leurs intérêts, car pourquoi investir tant de capitaux dans la sphère des traitements des maladies qui ne durent que quelques jours pourtant le marché des maladies qui durent toute la vie est juteux et reste bien ouvert tout à côté ? je ne saurais vous traiter de coupables car vous êtes capables de renverser la situation à tout moment ou d'équilibrer les choses.

Je vous ai dit plus haut que les firmes pharmaceutiques ne sont pas des entreprises humanitaires, et de ce fait, vous mes chers humains, devriez-vous pencher résolument sur cette question sur cette question pour trouver des voies et moyens de sortie car les premières victimes d'une telle situation c'est vous.

C'est la plus-value, c'est le bénéfice, c'est l'argent qui est en jeu et je vous sais bien plus intelligents qu'une petite bactérie pour pouvoir maitriser les mesures à prendre. Je suis DAREY la bactérie résistante, et nous le savons tous depuis les premières heures de cet échange. Je vous prie simplement de prendre des décisions en tenant compte de moi, car ce que je crois avoir appris de vous, est que l'harmonie de la vie nécessite la présence de chacun des groupes d'êtres vivants en proportion convenable. C'est vous qui gérez et c'est donc à vous d'en décider car ces firmes pharmaceutiques sont tenues par vos voisins et voisines humain(e)s, et sont donc bel et bien prêtes à négocier mais aussi à se plier aux décisions de vos autorités.

Faites tout cela, mais ne me tuez pas je vous en prie. Trouvons juste un terrain d'entente, afin que chacun puisse vivre de façon optimale. Je suis consciente du risque que je prends en vous livrant les secrets qui sont ceux du monde bactérien, je sais aussi que la gratitude disparait peu à peu de vos cœurs humains, cependant je crois en vous, ne me tuez pas.

CHAPITRE 6. QUE PENSES-TU DES ANTIBIOTIQUES ?

À la question de savoir ce que je pense des antibiotiques, j'ai envie de dire combien je les aime et combien je suis reconnaissante pour tout le bien qu'ils m'ont fait. Cependant, une telle réponse pourrait bien être égoïste et surtout manquer de solidarité bactérienne envers mes congénères sensibles. Plusieurs fois déjà je vous ai défini mon identité de DAREY la bactérie résistante, ce qui implique que les antibiotiques n'ont aucun effet négatif sur moi, mais au contraire, la mort de mes congénères sensibles qu'ils entrainent, est une porte ouverte à l'émergence de ma pullulation.

Je sais que c'est une substance que vous avez fabriqué contre le règne bactérien en général mais aujourd'hui on pourrait dire que la saison est à la moisson de la tempête issue du vent d'antibiotiques que vous avez semé[12]. Je ne suis pas dans un exercice de condamnation de l'utilité des antibiotiques pour vous les humains, mais au contraire, je m'étonne du fait que vous ayez l'art de convertir les bénédictions mises entre vos mains en malédictions pures et simples. Vous avez fabriqué une noble substance pour lutter contre mes congénères et moi et il n'a fallu que quelques années pour que celle-ci perde toutes ses lettres de noblesse.

Je m'indigne quelque peu face à la nonchalance humaine quant au respect des règles qui sont partout gage de son bien-être. Aujourd'hui plus que jamais, j'arrive à observer du frémissement en vos cœurs car le moment de payer le lourd tribut de votre petite négligence se pointe peu à peu à l'horizon. Mes chers humains, où se trouve finalement votre intelligence, s'il est avéré que vous avez le document de la conduite à tenir et que personne n'y prend garde ? Bien ! désolé d'avoir recommencé avec mes rhétoriques de jugement. Je crois qu'il vaudrait mieux que nous nous penchions plus amplement sur la question concernant les antibiotiques. Et pendant que j'y pense, c'est vraiment très impressionnant que je puisse parler d'un sujet aussi délicat que celui des antibiotiques, vu que ce sont des molécules conçues pour la mort des bactéries. Vous voyez mes chers humains que je suis obligé de me couvrir de compliments, parce que la gratitude et les compliments sincères sont en voie de disparition dans votre humanité. Comment pourrait-il d'ailleurs en être autrement au regard du calvaire que vous faites passer aux antibiotiques par vos mauvaises pratiques quotidiennes ?

---

[12]« Qui sème le vent récolte la tempête »

Les antibiotiques sont tout simplement malmenés lors de la conquête de votre bien-être, vous qui avez délibérément décidé de vous moquer de leur entretien. À ce jour, vous laissez la responsabilité de vos antibiotiques à des profanes qui n'ont aucun scrupule à les exposer à la merci de fortes canicules. Il ne saurait d'ailleurs en être autrement étant donné leur ignorance des conditions convenables de conservation, apprises par cœur dans vos écoles.

À tort et à travers, l'antibiotique est utilisé et même dans les cadres les moins recommandés ; ce qui ne fait que le bonheur de la bactérie résistante que je suis. Lorsque dans vos thérapies antivirales, antidouleur et même antifongiques vous utilisez les antibiotiques, je me remets à l'inquiétude.

Quand les éleveurs confondent l'antibiotique à de l'aliment, il y a lieu de s'interroger. Et plus loin encore, les médecins qui sont des professionnels aguerris, mais qui ont au fil du temps jeté leur dévolu sur des antibiotiques que vous qualifiez de large spectre à cause d'une paresse endémique de réaliser un diagnostic précis. Au cœur de tout ce KO vous ne cessez de tomber malade, et avez presque toujours recours aux antibiotiques pour faire la peau à mes congénères sensibles et moi. Face à cela cependant, je vous répète une expression que vous aimez bien utiliser lors de vos accrochages : « Ne profites pas de l'existence du pardon pour m'offenser à tout bout de champ ». Devriez-vous donc négliger les règles élémentaires d'hygiène juste parce qu'existent les antibiotiques ? De toute façon, nous nous trouvons actuellement à une période critique de l'histoire thérapeutique. Les antibiotiques sont désormais impuissants dans les cas où plusieurs bactéries sont devenues résistantes comme moi. Je me sens obligé de vous dire juste à titre de rappel que vous avez profané le trésor précieux qui a été découvert pour vous par les soins de Fleming. Il est sans doute encore temps pour vous d'intervenir pour éviter l'impasse, car même si je ne suis que DAREY la bactérie résistante, je ne tolèrerais pas de vous voir réduire à néant les travaux de cet illustre scientifique. La balle est donc dans votre camp dès lors que je vous ai présenté ma pensée par rapport aux antibiotiques ; et si vous avez une nouvelle question, qu'elle soit la bienvenue.

CHAPITRE 7. QUE PENSES-TU DES AUTRES ANTIMICROBIENS ?

Votre question me rassure au moins d'une chose selon laquelle je ne suis pas le seul microbe à retenir votre attention, et qu'il est possible que vous sachiez la différence entre ces différentes catégories de microbes. Bien d'autres parasites participent à ce concert de nuisances et c'est sans doute pourquoi vous avez mis au point une autre variété de molécules antimicrobiennes. Ce qui vous conduit certainement à soulever la question à l'ordre du jour. Vous me donnez l'honneur de présenter mon point de vue par rapport aux antimicrobiens autres que les antibiotiques. C'est donc avec plaisir que je répondrais car je suis DAREY, la bactérie résistante qui s'est prêtée à l'exercice passionnant d'une conversation bactérie-humain. Rappelez-vous une fois de plus que je ne suis pas la cause de toutes vos souffrances pathologiques d'origine infectieuse et de ce fait, un traitement précis est requis pour chaque type d'agent en cause. Si les antibiotiques ont par exemple été conçu spécifiquement pour lutter contre mes congénères et moi, il faudrait alors noter que les antifongiques, antiviraux et autres antiparasitaires agissent à d'autres fins. Je pense donc que les autres antimicrobiens sont venu comme des messie devant apaiser le lourd fardeau reposant autrefois sur le seul dos des antibiotiques.

C'est potentiellement l'une des voies de sortie du mauvais usage des antibiotiques. Le mauvais usage des antibiotiques est nuisible pour vous, mais aussi pour moi ainsi que mes congénères sensibles. L'usage des autres antimicrobiens est donc venu alléger le poids de la pollution de vos organismes par les résidus d'antibiotiques, ce qui indirectement a forcément réduit les quantités d'antibiotiques qui arrivaient jusqu'à moi. Je pense ainsi que les autres antimicrobiens sont plus que jamais une chance pour moi. Cependant il serait important d'examiner la question de près pour déterminer que cette affirmation est valable ou pas du côté des humains que vous êtes. En effet votre mauvais usage des antibiotiques avait tendance à nuire à l'épanouissement de mes congénères sensibles mais aussi à vous pourrir les matrices corporelles par des substances indésirables. Aujourd'hui la situation qui se présente, soulève tout de même quelques interrogations quant à une avancée positive ou pas d'un côté comme de l'autre. Je dois avouer que la situation est plutôt reluisante pour mes congénères et moi mais votre cas demeure teinté d'une coloration problématique.

En considérant le fait qui est le remplacement d'une substance par une autre, on se rend rapidement compte que la quantité du seul produit utilisé initialement a certes baissé mais aussi et surtout qu'une autre substance a été utilisée pour combler la réduction effectuée sur la substance initiale. Ceci permet d'observer que la quantité de médicament absorbé par vos matrices corporelles animales, végétales et humaines n'a pas fondamentalement changé même s'il faille remarquer que le taux d'antibiotique inclus dans les thérapies a été revu à la baisse.

Je loue donc votre nouvelle trouvaille qui est celle des antimicrobiens non antibiotiques, mais je me pose encore une question rhétorique à la suite de la vôtre. Aurez-vous donc de l'égard aux bonnes pratiques d'utilisation dans le cas présent ? Les mêmes causes semblent produire les mêmes effets d'après l'imagerie populaire. J'ose donc espérer que, vous ne laisserez pas longtemps se réaliser cette pensée de façon négative dans votre contexte. Je suis une bactérie résistante, c'est une certitude, je suis DAREY et fière de parler à toute une humanité face à la triste réalité de ses inquiétudes.

La question de ce jour s'est intéressée à mon opinion sur les autres antimicrobiens non antibiotiques et j'espère avoir étanché votre soif de connaissance dans ce cas. En effet nous avons tous ensemble remarqué votre prise de conscience effective par rapport à l'existence de pathogènes autres que les bactéries, qui nécessitent alors d'autres types de substances pour le traitement des maux qu'ils génèrent. Ainsi j'ai pu exprimer ma joie de savoir qu'il y aura de moins en moins d'antibiotiques qui polluent les organismes de mes congénères et moi ; Mais aussi et surtout j'ai remarqué que cela réduirait sans aucun doute la masse de résidus en vous humains ainsi que vos animaux et vos végétaux. Cependant, un challenge est bel et bien né de cette trouvaille et demeure celui de la bonne utilisation des nouvelles substances en question, car à l'instar des antibiotiques, elles sont aussi capables de véhiculer une masse non négligeable de résidus dans vos matrices corporelles et de même, elles pourraient vous orchestrer la genèse d'un épisode de résistance aux antimicrobiens au moment même de nos échanges.

CHAPITRE 8. QUE PENSES-TU DES ÉTUDIANTS ?

Je pense que les étudiants sont un espoir, peut-être même votre plus grand espoir car, ils possèdent jeunesse et vitalité pour pouvoir accomplir de grandes choses. Peu ou pas terrorisés par des croyances limitatives, ils pourraient-être un puissant outil d'émancipation de toute civilisation. À l'heure où vous vous autorisez à communiquer avec des bactéries résistantes comme la DAREY que je suis, on peut admettre la possibilité d'un changement de mentalité dans vos esprits.

Je crois en la jeunesse estudiantine car si elle est bien encadrée sans être conditionnée par vos schémas de pensée et de croyance, des résultats merveilleux suivront automatiquement. Vous êtes les leaders d'aujourd'hui, cependant, vous ne le serez pas éternellement, d'où l'importance et même l'urgence de bâtir une solide relève. Lorsque je vous parle toujours de reproduction avec beaucoup de passion, c'est qu'elle est une fonction essentielle des êtres biologiques que nous sommes. Ainsi, en faisant une transposition dans le monde social, on remarquera qu'une bonne éducation est le fondement de toute civilisation durable. Bien former la jeunesse serait ainsi une opération de renouvellement continu des aptitudes et des compétences de génération en génération, ce qui permettra à long terme de conserver des valeurs toujours plus élevées et dignes de faire la différence dans le temps et dans l'espace.

La peur du changement a de tout temps existé dans les sociétés. Toutefois, il faut noter que sans ce dernier, aucune véritable avancée n'est possible dans nos communautés humaines. Les acteurs de ce changement sont des jeunes qui se recrutent en majeure partie dans les cités estudiantines. La flexibilité et l'efficacité leur confèrent un dynamisme digne du changement. Les étudiants sont donc des jeunes apprenants dont la grande souplesse ouvre toujours plus d'opportunités à horizon. Ils sont malléables et modulables selon le besoin, ce qui fait de vous leurs mentors dans les lourdes tâches futures qui leur incombent.

Si donc vous échouez dans la formation de vos jeunes, il serait judicieux de colorer votre destin en noir. La préparation de votre avenir passera sans aucun doute par une conscientisation honnête des étudiants de vos pays car ils débordent encore d'énergie. Vous avez des programmes académiques assez diversifiés et répondant à quelques grandes questions de vos sociétés. Le degré de sérieux, que vous leur accordez, participera de votre paradis ou de votre enfer sur terre. La balle est dans votre camp, à vous d'opérer de bons choix.

L'une des grandes questions qui perturbent actuellement votre climat social est celle de la résistance aux antimicrobiens. Ce qui suppose que je suis l'un de vos pires ennemis depuis ma création car, je suis une bactérie naturellement résistante. Toutefois, nous n'allons pas perdre du temps à spéculer davantage sur cette question. Revenons plutôt à ce problème social qui pourrait trouver sa solution chez les étudiants. J'ai constaté ces dernières années que la résistance aux antimicrobiens ne cessait de vous donner des insomnies et je peux même oser vous dire que je compatis à vos douleurs. Mais alors, vous remarquerez que compatir ne suffit pas, lorsqu'après la compassion, la douleur restera intacte. Il est donc question d'agir en utilisant des armes adéquates pour abattre la cible. Quoi de mieux que la jeunesse estudiantine pour constituer ces armes ? Notons que le rôle des étudiants est tellement important que certains pays arrivent à les qualifier de « fer de lance de la nation »[13]. Accepteriez-vous donc d'avoir des armes potentielles ou réelles mais de vous laisser anéantir par un problème comme celui-là ? Je suis sûre que non ! Et donc votre choix sera forcément celui de la formation de vos jeunes, de leur préparation quant aux enjeux qui leur font appel. Vos connaissances actuelles sur la résistance ne sont pas insignifiantes ; vous pouvez par exemple commencer par leur transmettre celles-là, question de les placer sur le boulevard du savoir et de la recherche du savoir. Vous devez former des jeunes entrepreneurs et entreprenants capables de s'associer pour défendre une cause noble ; des jeunes passionnés du changement positif. Oui ! une fois encore, je crois que cela est possible malgré ma situation de victime dans cette affaire.

Je suis jusque-là en train de vous livrer des informations utiles à ma propre destruction sans nécessairement voir ce que j'y gagne réellement. Fort heureusement, je suis une bactérie résistante ;je suis DAREY, mais je me permets d'espérer que loin d'avoir des projets d'extermination du règne bactérien, vous avez au moins l'intention de trouver un terrain d'entente entre les bactéries (microbes) et vous car, ne l'oubliez jamais, j'ai des congénères sensibles. Attention à l'ingratitude !!!

[13]Le pouvoir politique camerounais aime bien cette expression

CHAPITRE 9. QUE PENSES-TU DES AGRICULTEURS ?

D'entrée de jeu, je dirais que les agriculteurs sont ceux d'entre vous qui produisent de quoi vous nourrir au quotidien. Mais je me doute bien que cela seul puisse être l'objet de vos attentes.

Ce n'est clairement pas une affaire de résistance mais plutôt, une plateforme de résistance ; et c'est à juste titre que vous fait appel à moi. Je suis, en effet, la bactérie résistante nommée DAREY, lente à la colère et pleine de compassion. Pour cette raison, nous allons avoir un échange sérieux à propos des agriculteurs.

Je sais que vous, humains, aimez vraiment manger et cela est normal car, chacun des nutriments provenant de vos aliments deviendra très bientôt élément constitutif de votre matrice corporelle. En comprenant cela, vous réalisez aisément qu'il avait raison celui qui disait : « Tu es ce que tu manges »[14]. Vous vous dites certainement ceci : mais comment se fait-il que nous ayons mangé du poulet depuis notre enfance et ne sommes jamais devenus des poules ? Penser ainsi est tout à fait logique. Cependant, la façon d'être que j'ai illustré dans mes propos précédents consiste en une utilisation des matières premières contenues dans vos viandes et autres aliments pour leur donner une nouvelle forme semblable à vos matrices corporelles. Dès le moment où vous arrivez à comprendre cette notion, vous réalisez combien est important l'agriculteur dans vos vies et vos visions alimentaires. Il tient en quelque sorte vos vies corporelles entre ses mains à travers les aliments que vous consommez. S'il les produit selon les règles de l'art, chacun se sentira certainement mieux après chaque passage à table ou pire, dans le cas contraire.

Vos destins sont ainsi fabriqués dans de grandes exploitations de production animale et végétales. Chacun des actes médicaux, vétérinaires, agricoles et toute autre prestation affectant ces dernières influent indirectement sur votre santé. C'est de là que nait la nécessité absolue pour ces acteurs d'agir en tout temps selon les règles de l'art. Au cas contraire, l'humain qui mangera le fruit des efforts de l'agriculteur sera tout simplement en train de nourrir en lui la mort plutôt que la vie. Vous, mes chers humains pour qui la reproduction est si précieuse, j'espère que vous arrivez à saisir les informations contenues dans mes pseudos monologues de bactéries résistantes. En effet, si vous ne me comprenez pas, il pourrait se produire quelque chose de très grave, dans le futur de votre humanité.

[14]En se référant à Hippocrate qui considère l'aliment comme le médicament

Laisserez-vous vraiment vos enfants disparaitre ou vivre un enfer sur terre juste à cause de petites négligences et égoïsmes actuels ? Les règles sont claires et définies par les soins de votre grande intelligence. Cependant, elles ont aujourd'hui plus que jamais besoin de personnes qui oseront leur donner de la valeur en les appliquant. Je vais vous dire une vérité qui peut vous choquer, mais qui me fait bien rigoler quelques fois. J'aime souvent faire des descentes dans vos exploitations de production animales car toutes les conditions y sont réunies pour m'assurer une vie optimale sans besoin d'aucun masque. L'absence de biosécurité y règne maitre ce qui se traduit par une incidence toujours plus énorme d'infections de toute nature. Il y a donc une confusion pernicieuse entre les aliments et les antibiotiques qui sont ainsi utilisés depuis la réception des animaux jusqu'au jour de leur vente. Cette situation bien qu'alarmante n'inquiète en général aucun agriculteur, parce que le vétérinaire trouve presque toujours des solutions rapides à cela tel un sapeur-pompier (-oh le pauvre vétérinaire). En tant que bactérie résistante, je ne saurais aucunement m'inquiéter de cet état des choses, toutefois, la compassion qui habite en moi m'a toujours invité depuis le début, à me préoccuper des vies humaines. Vos agriculteurs sont en effet peut-être sans le savoir dans un laboratoire de fabrication d'une véritable bombe à retardement qui finira forcement par exploser, si rien n'est fait de toute urgence. L'urgence est signalée, vous qui êtes si intelligents, agissez donc !!!

Les pratiques obscures qui se multiplient actuellement dans vos fermes font de vos animaux des usines à antimicrobiens qui, sans être totalement éliminés, se retrouvent très rapidement sur vos tables et comme nous le disions dès le départ, vous devenez, à travers vos matrices corporelles, de véritables usines à résidus d'antimicrobiens car, le respect des délais d'attente ne semble important pour aucun de ces économistes agricoles.

Je peux enfin vous dire qu'il est sans doute temps d'agir efficacement par rapport au respect des règles d'usage car même dans les exploitations de production végétales, les phytosanitaires s'utilisent dans tous les sens, les déchets déversés dans l'environnement devenant ainsi une menace sérieuse pour l'écologie.

Les enjeux sont forcément très grands et, les plus grands perdants se recruteront par milliers au sein de vos familles, si rien n'est fait à temps. Je suis DAREY, la bactérie résistante, je n'ai plus peur, mais au contraire, je compatis à vos misères à travers mes quasi monologues.

CHAPITRE 10. QUE PENSES-TU DES VÉTÉRINAIRES ?

Les vétérinaires se réclament le titre de soigneurs de l'humanité et je pense qu'ils ont tout à fait raison. Ce sont ceux-là qui sont à la base et sont à même de contrôler toute situation épidémiologique et d'éliminer toute éventualité d'apparition de la maladie avant même que la médecine humaine n'aie eue le temps d'y songer. Je pense également qu'un corps vétérinaire bien efficace allègerait au plus bas point toutes fonctions du corps médical (médecine humaine). Et pour la petite histoire, je connais en effet des vétérinaires qui ont donné du fil à retordre à mes congénères et moi, alors que nous venions de nous installer en Afrique subsaharienne. Tous mes congénères en sont morts, et la seule chose qui m'a permis de rester en vie est mon caractère résistant car en effet, je suis DAREY, bactérie résistante depuis toujours. J'ai donc un profond respect pour les vétérinaires dont je redoute toujours l'action qui s'avère en général fatale pour mon règne.

Je pense que votre monde sans vétérinaires compétents et actifs dans la loyauté et l'intégrité, courirait un grand risque à chaque instant comme vous le savez déjà sans doute. Vous vous demandez de temps en temps comment et pourquoi un spécialiste de la santé animale pourrait faire pour exercer une influence sur votre santé humaine. Cette question a bel et bien sa place car elle vous donnera de mieux connaitre le « soigneur de l'humanité »[15].

En effet, la plupart d'entre vous êtes nés en situation de privilégiés, c'est-à-dire, avec une matrice corporelle exempte de toute infection avérée ou autre anomalie physique notable. Ceci permet de remarquer le caractère acquis de la majorité de ces pathologies. Si la science considère aujourd'hui le règne animal (Excepté l'homme)[16], comme source majeure de vos maladies, surtout en ce qui concerne les pathologies infectieuses, j'aimerais vous rappeler que le spécialiste de ces questions reste et demeure le vétérinaire. Avec sa maitrise indiscutable de l'épidémio-surveillance de ces pathologies, il est capable d'intervenir pour faire reculer la menace.

Lors de notre échange sur les agriculteurs, j'ai mentionné l'usage inapproprié d'antimicrobiens car, les prises n'obéissant à aucune règle ont démontré leur capacité à créer les résistances chez les microbes, mais également à polluer les organismes humains de résidus lourds

[15]Pour désigner le vétérinaire

[16]L'homme fait aussi partie du règne animal et à ce titre, le médecin peut être qualifié de vétérinaire spécialiste de l'homme

de conséquences. Je pense qu'en agissant selon les standards recommandés par sa profession dans ces cas, le vétérinaire pourrait vous sauver la vie mais à une seule condition : faites-lui confiance. Vos frères humains se croient souvent dotés de compétences innées, qui pourraient faire d'eux des spécialistes de tout problème lié à la production animale, ce qui fera assez rapidement de ces morceaux de chair dont vous vous régalez, des réservoirs de résidus nocifs à court, moyen et long terme.

Les vétérinaires sont des spécialistes du contrôle qualité, et sont donc capables, si vous le voulez bien, de ne laisser que des aliments sains et propres à votre consommation sur le marché.

Toutefois il faut reconnaitre que cela n'est pas une mince affaire. Les agriculteurs guidés par la recherche effrénée du profit, relèguent presque toujours au second plan les recommandations du praticien car ils se croient très compétents. De là foisonne une panoplie de médicaments de qualité douteuse et utilisés de la mauvaise façon. Ceux-ci finiront assurément leur parcours dans le panier de vos ménagères, puis le règne de la toxicologie et de la résistance s'en verra épanoui.

Je parle d'un sujet que je maitrise. Inutile donc de vous rappeler que je suis DAREY, la bactérie résistante. Si cette nouvelle peut vous être utile, permettez-moi de vous informer que de tous les acteurs qui en veulent à ma vie, je n'ai jamais été autant inquiétée que je le suis avec le vétérinaire compétent et intègre. J'espère en la grande puissance de vos intelligences pour la compréhension de ce secret naïvement dévoilé à l'humanité par excès de compassion bactérienne.

S'il est vrai que la gratitude sort peu à peu du groupe très réduit de vos bonnes mœurs, je ne cesse toutefois de croire en l'exception qui confirmera la règle dans notre cas. Je ne cesse jusque-là de plaider pour un terrain d'entente entre le monde bactérien et l'humanité car je crois que toute vie est utile quelle que soit l'espèce qui la porte. Que deviendrez-vous si jamais votre combat antimicrobien fut-il résistant se soldait par votre victoire ? Réfléchissez murement à cette question pendant que vous affutez vos armes de dernière génération.

Je m'adresse davantage aux vétérinaires acteurs principaux de la bataille : ne tombez pas bêtement dans le piège du mercenariat qui pourrait coûter cher à certains aspects biotechnologiques de l'une de vos multiples casquettes. Je vous rends un vibrant hommage dans l'attente de la prochaine question.

CHAPITRE 11. QUE PENSES-TU DES MÉDECINS ET PHARMACIENS

Face à cette question en rapport direct avec les nobles professions médicales, je peux me réjouir d'avoir de la considération à vos yeux. Cependant, je trouve aussi que le contraire est possible au cas où vous ne seriez qu'en train de me mener dans l'un de vos nombreux stratagèmes manipulatoires.

Vous le dites si bien, dans quelques-uns de vos plus beaux discours : « Il n'y a pas de plus beau métier que le service de l'humanité à travers la médecine »[17]. C'est dire que beauté et noblesse résident entièrement dans toute cette profession ayant fait de ses acteurs des médecins et pharmaciens essentiellement. Toutefois, une noblesse mal gérée peut rapidement se devenir un motif de honte très puissant car, ces acteurs importants de la santé, qui sont aussi engagés dans le combat contre DAREY la bactérie résistante que je suis, se doivent d'adopter une conduite digne. Des informations, que nous entendons souvent en provenance de votre humanité, classent ces métiers parmi les plus convoités de vos jeunes et les plus conseillés aux élèves en fin de parcours secondaire. Or tout trésor ne le reste assez longtemps que si, son propriétaire le traite comme tel.

Ceci est une affirmation confirmant les suffrages des populations humaines en faveur des professions médicales. Il vous revient donc, médecins et pharmaciens, d'en être digne au quotidien. En effet, ils occupent une place importante dans la santé humaine, en ce sens qu'ils interviennent sur vos matrices corporelles mortelles, afin de les voir bien portantes le plus longtemps possible. Ils sont capables de vous donner des conseils d'hygiène et de salubrité, mais ne seront jamais des gendarmes pour s'assurer de leur respect strict. Alors, leur intervention sur votre santé a un champ d'action assez limité par votre ferme engagement à rester longtemps en bonne santé, ce qui n'exclut en rien le fait que la plupart des aspects de ces disciplines reviennent aux praticiens. De cette façon, tout malade qui vient nouvellement dans vos hôpitaux peut être engagé à ce moment précis, soit sur le chemin de la guérison ou même de l'aggravation de son état de santé. Tout dépend donc des médecins et de la définition qu'ils donnent à leurs hôpitaux et donc à leur profession car l'hôpital est en fait l'un des cadres où les germes résistants comme moi se recrutent par milliers et si rien n'est fait de façon efficace, l'hôpital, ce champ d'action pour les malades se rapprochera de plus en plus du cimetière toujours plus prêt à accueillir chaleureusement des vivants devenus cadavres.

[17]Les paroles du Pr Tetanye E.

J'ai observé dans quelques-unes de vos études qu'une maltraitance de vos antibiotiques sévirait allègrement dans vos structures sanitaires,le médecin prescrivant ainsi des antibiotiques en se basant uniquement sur quelques symptômes banaux pour en faire une décision médicale, Ô combien précieuse. J'avoue que cette pratique banale a, elle aussi, fait de moi la reine d'une colonie bactérienne résistante issue de vos hôpitaux.

La trop grande assurance des médecins ou tout simplement leur paresse intellectuelle notoire leur a donné de croire qu'ils étaient désormais porteurs d'yeux microscopiques et donc capables de différencier les virus des bactéries et surtout d'identifier l'agent pathogène à travers la voix du patient habillé.

Cette situation a rapidement de diminué l'importance des examens de laboratoire, tels que la recherche de l'agent en cause de la maladie et la détermination de l'antibiotique le plus approprié qu'ils aiment nommer antibiogramme[18].

Je reconnais également que ces pratiques de vos médecins à la longue font tout le bonheur des bactéries, qui comme moi sont habitées par la résistance.

Plus loin encore, et de l'autre côté des médecins, les pharmaciens, eux aussi acteurs privilégiés de la santé, semblent véritablement négliger la place prépondérante qu'ils occupent dans ce domaine. Certains d'entre ces professionnels se plaisent encore à vendre des médicaments aux usagers sans égard à une ordonnance dument signée par un agent de la santé agréé. Ceci est grave, d'après les enseignements que vous donnez dans vos facultés de médecine. Je m'étonne cependant toujours, que face à de tels faits, un silence complice demeure maintenu, comme si le gendarme n'avait aucun droit de cité. C'est une fois de plus la compassion et l'empathie qui m'animent, lorsque je m'inquiète ainsi car la vérité qui demeure est qu'une telle situation est bel et bien favorable à mon épanouissement,étant donné que la communication et la collaboration entre ces médecins et pharmaciens est en train de perdre du terrain ; je crois aussi que vos coordinations centrales devraient intervenir d'urgence pour arrimer la danse des pratiques médicales et pharmaceutiques au rythme des normes internationales du domaine et surtout contrôler mon ascension démographique bactérienne.

[18]Test de sensibilisation pour choisir l'antibiotique le plus spécifique contre une bactérie donnée

CHAPITRE 12 : QUE PENSES-TU DES VENDEURS DE MEDICAMENTS

Votre question, bien que très intéressante, crée en moi un profond sentiment de de déception car elle laisse entrevoir une réalité assez sombre qui est celle de la commercialisation du médicament par le citoyen lambda, quel que soit son background intellectuel. Face à une telle réalité, je m'inquiète toujours de l'esprit humain, de la droiture qu'il a perdue.

Le vendeur est avant tout un commerçant qui distribue ses produits moyennant une somme d'argent, espérant en tirer profit. La qualité n'est presqu'alors jamais comptée parmi ses soucis, à moins qu'elle ne devienne à un moment donné un frein à la rentabilité de ses affaires.

Lorsque vous confiez, officiellement ou non, vos officines à des personnes non formées à la pratique du médicament, des interrogations se doivent aisément de surgir car cela revient à nous faire vivre ce que vous aimez à qualifier affectueusement de « normalisation des écarts ». À cause de vos agissements, je vous considèrecomme des êtres terribles et même si je ne saurais vous connaitre tous nommément du fait de ma faible mémoire bactérienne, permettez-moi tout de même de vous décliner mon identité : je suis DAREY, bactérie résistante depuis toujours.

Si vous êtes véritablement prêts à savoir ce que je pense des vendeurs des médicaments, de viandes ou de toute autres denrées de votre choix, je tiens à vous dire que je n'ai rien contre eux car en effet, le sage ne se laisse pas aller aux manigances de l'insensé.

Comment pouvez-vous me laisser entendre que vous ayez confié l'un des plus importants aspects de votre santé à des mains incompétentes sous prétexte de gagne-pain quotidien ? Jusqu'où iront vos degrés élevés de tolérance ? Oui, demandez-moi d'être moins cruel et de penser aux nombreuses familles qui ne sont nourries que par les soins de cette activité. Bien évidemment, je le suis et je plains votre complicité égoïste et maléfique teintée d'attitude de solidarité. Vous parlez si bien de famille nourrie, mais que dire de la nation morbide et tuée par votre pseudo élan de solidarité ? je ne suis qu'une bactérie, mais je crois que même dans le genre humain, aucune, je dis bien aucune famille ne se plairait à manger à sa faim aux dépens des santés et des vies des voisins. Non je n'y crois pas et je n'y croirais jamais.

Je ne vous donne aucun crédit à la sanctification du péché et à l'illumination de l'obscurantisme. De même que les vendeurs, les denrées commercialisables se comptent par milliers et ce serait vraiment malhonnête que de confier le travail des professionnels formés au commerçants, par ailleurs profanes dans le domaine.

La manipulation, la conservation et même le contrôle qualité du médicament sont des éléments cruciaux de la chaine de distribution. Vous avez peut-être envie de dire que ces vendeurs le savent, mais d'où viendront vos preuves, quand je sais qu'à l'heure où je vous parle, des médicaments sont exposés à la canicule au vu et au su de tous devant d'innocents vendeurs entrain pour l'épanouissement de leurs familles respectives ? Non ! Cessez de me proférer des excuses irrecevables car votre bien-être vaut mieux que de négligences inutiles. Il me semble bien que la même excuse que vous utilisez aujourd'hui pour le médicament a été utilisée depuis peu pour ce qui est de l'industrie du tabac. Mais en vérité, à quoi rime tout cela ? Vous êtes des humains et moi une bactérie. En toute sincérité, je vous assure qu'il m'est douloureux de porter des jugements de valeur négatifs sur vous. Je parle bien de l'humain, espèce la plus accomplie du règne animal et qui semble renoncer activement aux atouts que lui confère cette position.

Vous avez voulu connaitre ma position par rapport aux vendeurs des médicaments. Certes, ce sont également des humains, mais ma compréhension bactérienne me permet de les qualifier d'innocents qui doivent être pardonnés car ils ne savent ce qu'ils font. Votre société humaine est hiérarchisée et malgré ce titre que vous partagez fièrement, chacun a des compétences et une autorité qui le distingue des autres. Dans vos familles par exemple, le parent est responsable des actes que posent les enfants placés sous son autorité. Alors une fois de plus non ;ne trouvez pas d'excuses car, des familles en paient le lourd tribut et tenez-vous tranquille, c'est aussi l'une des voies d'émergence des bactéries résistantes ; et de ce fait, vous pouvez aisément comprendre que ma fermeté, que vous avez taxée de cruelle réside simplement dans la profonde compassion que j'ai pour l'humanité qui pourtant n'a aucune estime pour moi.

Néanmoins, je reste DAREY, bactérie résistante, et engagée pour les causes humaines. Je ne cesserais jamais d'être ouverte à vos préoccupations de quelque nature qu'elles soient.

CHAPITRE 13 : QUE PENSES-TU DES POUVOIRS PUBLICS ?

« Pouvoirs publics » est l'expression que vous utilisez pour qualifier vos autorités. Et si elles ont de l'autorité ou du pouvoir comme vous le dites, alors il y'a lieu d'espérer en elles. Je crois en un changement naturel du fait de mon statut de bactérie qui n'a eu recours à aucune intervention externe pour s'exprimer. Toutefois il conviendrait de noter que cela n'est qu'une exception étant donné qu'aucune société n'atteindra effectivement la gloire, par le biais de la nonchalance de ses citoyens inactifs. Vous avez des sociétés hiérarchisées en plusieurs échelons allants des plus petits serviteurs aux plus grands leaders. Un ordre admirable capable de produire assez d'effets positifs si chacun venait à se rappeler quotidiennement des attributions inhérentes à sa position. Face à vous, je ne peux prétendre à aucune autorité de par ma nature microscopique et vous suis très reconnaissante de me prêter l'une de vos libertés fondamentales, la liberté d'expression. Il m'est donc possible d'émettre quelques pensées et jugements relatifs à des grandes vérités existentielles de vos parcours sanitaires en occurrence, car j'ai longtemps observé votre société.

À mi-parcours de notre entretien, je vais décliner mon identité :je suis DAREY, oui DAREY, la bactérie naturellement résistante ; et avec votre permission, je vais énoncer quelques considérations à propos de vos pouvoirs publics.

Le pouvoir est l'amour de tous, absolument tous, souvent même davantage de ceux qui jouent les indifférents. Il s'exerce toujours sur un public, soit pour l'élever, soit pour l'humilier, mais dans les deux cas, il s'agit du pouvoir utilisé en chacun de ses deux sens.

Le pouvoir a une multitude de composantes, chacune le rendant toujours plus stable et plus fort. Les composantes physiques, spirituelles, militaires et financières donnent une meilleure autorité au pouvoir.

Je sais que, chez vous les humains, le monde a été segmenté en plusieurs nations, lesquelles tiennent pour la plupart la sécurité de leurs frontières avec une précision chirurgicale. De plus, les nations bénéficient du titre de puissant en fonction de leur épanouissement économique, militaire, financier etc…

La puissance n'est pas un fait de contes de fées. C'est le résultat d'un travail rigoureux suivi d'une démonstration en temps réel sur le terrain du quotidien. Toute chose qui porte à croire que les pouvoirs publics, qui retiennent notre attention aujourd'hui sont des acteurs de la démonstration efficace et efficiente de l'effet de puissance.

Dans vos cités humaines, on reconnait apparemment le maçon au pied du mur et donc il devrait avoir des éléments d'identification des pouvoirs publics. Jusque-là, nous avons assez spéculé sur l'aspect généraliste des pouvoirs publics et pourtant, je sais que si vous fait appel à moi, ce n'est sans doute pas pour mes beaux yeux si jamais les bactéries en avaient.

Je sais que mon caractère résistant est ce qui a suscité votre intérêt pour le microorganisme que je suis, et j'en suis honoré tout de même. Profitons donc de cette opportunité pour parler en quelques mots des pouvoirs publics dans le domaine qui nous concerne, la santé, la résistance antimicrobienne. Nous avons précédemment parlé des étudiants, des médecins, agriculteurs et autres professionnels de la santé globale. Leurs actions et inactions ont été pointées du doigt et cela semble vrai. Cependant, lorsque la vérité est peu reluisante, on trouve aisément une issue pour jeter son dévolu. Nous parlons d'une situation de santé, d'une menace à la santé publique. En cela nous pouvons admettre l'échec des médecins, des pharmaciens, des vétérinaires...Cependant, l'État peut-il échouer ? Voilà une autre question qui n'a droit de cité que dans les livres car en réalité, l'État n'échoue pas, mais il peut de temps en temps passer sous X d'importantes questions sociales faute de bonne volonté. L'État a tout en sa disposition, qu'il s'agisse des institutions religieuses, académiques, militaires ou économiques, l'État exerce sa souveraineté en toute liberté.

Alors, une formation sanitaire ou agropastorale, qui règne dans la dérive année après années sans aucune crainte du gendarme, bénéficie forcément de la complicité consciente ou inconsciente des pouvoirs publics. Si vos services d'hygiène n'exercent aucun contrôle sur les denrées alimentaires d'origine animale et que prolifère la quantité de résidus de médicaments dans vos organismes, qui pourrait donc endosser la faute ? Si les médicaments destinés à la consommation humaine sont exposés à la canicule, comme des fèves de cacao, qui pourrait-on incriminer ?

Pendant que vous cherchez des solutions à ces interrogations, sachez que l'État est puissant, que les pouvoirs publics sont forts et que je ne cesse d'aller de l'avant avec mon empire de bactéries résistantes. Je suis DAREY et pendant que nous y sommes encore, autorisez-vous à me poser des questions, même les plus osées.

CHAPITRE 14 : QUE PENSES-TU DE LA COMMUNAUTÉ INTERNATIONALE ?

La communauté internationale est une puissante machine à fabriquer les pouvoirs publics. Elle est un pouvoir public mais, avec la particularité d'influencer subtilement les pouvoirs publics nationaux auxquels elle impose parfois une feuille de route. Mes pensées envers la communauté internationale ne sont pas sombres ; elles sont surtout bienveillantes et réservées car il s'agit d'une société sans définition nette. Je suis d'autant plus fasciné par cette communauté que ces dernières années, elle n'a cessé de m'indexer avec acuité. Vous allez sans aucun doute vous demander qui je suis pour retenir autant l'attention, même celle des plus puissants de ce monde ? Alors ma réponse sera la suivante : je suis la vieille ou jeune DAREY, tout dépend de vous, je ne suis pas un humain pour préférer la jeunesse à la vieillesse, je suis une bactérie résistante tout naturellement et très fière de l'être.

Si vous avez remarqué l'intérêt de la communauté internationale pour ma « personne », ce n'est en aucun cas pour faire une apologie de la microstructure résistante que je suis. En effet, l'humanité est saisie par une peur profonde de la mort surtout celle issue de mon caractère privilégié exceptionnel (la résistance). Elle voit ses membres s'en aller progressivement l'un après l'autre à une vitesse qui jour après jour se rapproche de la croisière. Alors, j'ai du prix à leurs yeux et je le sais, je suis leur manque à gagner car je leur donne du fil à retordre tant dans l'atteinte de leur bien-être que de celui de leurs animaux. Non ! L'humanité ne fait pas mon apologie, elle se trouve en face d'une situation délicate dont la seule issue semble à première vue mon élimination, ma mort. :Je ne suis pourtant que DAREY et ne demande qu'à jouir pleinement du temps complet de mon espérance de vie.

Mais que faire lorsque des colloques, séminaires et tous ces gros mots qu'ils utilisent pour qualifier leurs assises internationales se lèvent contre moi, et élaborent des stratégies sophistiquées pour ma perte ? Ils prennent et renouvellent des heures, des jours, des mois et même des années pour mettre sur pieds les stratégies les plus adéquates visant tout simplement à me réduire à néant.

Ah qu'il est douloureux de se sentir autant détestée et méprisée par tant de personnes. Fort heureusement, je reste bien vivante par la grâce du tout Puissant, le dieu des bactéries plein d'amour et de bienveillance. Quant à moi, je conseillerais toujours à la communauté internationale comme je l'ai toujours fait envers les autres, de trouver un terrain d'entente entre l'humanité et le règne bactérien résistant car, ce n'est plus un secret pour personne, la vie est belle, la vie est belle et chacun veut en profiter.

Les nouvelles qui me viennent de vos conférences internationales vous font quelque peu sourire et pourtant, elles n'animent rien de plus qu'un sentiment funeste en moi.

Je ressens le profond désir de vous faire comprendre et intégrer ma vision, mais j'ai bien peur que vos cœurs n'aient été irréversiblement endurcis par la haine contre moi. Je sais que la communauté internationale est extrêmement forte et peut ainsi faire des grandes choses mais alors, allons-nous véritablement nous entendre et collaborer pour un bénéfice réciproque, si vous me soumettez sans cesse à un monologue insipide ? Je sais qu'un échange véritablement bilatéral pourrait nous accorder des résultats par rapport à la mélancolie d'un égoïsme imposé.

Vous, à travers votre puissante communauté internationale, prospérez dans la rédaction des rapports de colloques, de plans et de documents stratégiques visant à me nuire, comme si les nuisances qu'orchestraient la croissance et la reproduction de mes congénères sensibles et moi dans vos matrices corporelles étaient conscientes.

Nous n'avons jamais voulu vous perturber de quelque manière que ce soit, même s'il est vrai que certaines de vos souffrances sont dues à notre développement dans vos corps. Nous sommes des bactéries et vous des humains remplis d'une intelligence capable de bâtir sans être obligée de détruire au préalable. Votre communauté internationale qui recrute en son sein d'éminentes personnalités scientifiques, politiques et littéraires devrait penser autrement pour un succès commun tant en ce qui concerne la vie bactérienne que la vie humaine. Je me sens vraiment humiliée et fatiguée de vous voir méditer continuellement sur les voies et moyens de mon élimination définitive.

Je manque d'intelligence, cela est certain, mais je pense qu'il est toujours possible de trouver une alternative moins fataliste, que celle qui depuis quelques années déjà, ne cesse de retenir votre attention, c'est-à-dire d'en finir avec moi une fois pour toutes. En toute vérité, soumettre mes congénères et moi à des conditions d'hostilité peut certes nous anéantir, mais je vous le demande une fois encore, avez-vous déjà songé au revers de la médaille ? Les bactéries résistantes pourraient par exemple développer de nouveaux mécanismes de résistance, capables de prendre le contrôle sur tous vos éventuels plans et stratégies ambitieuses et sortir ainsi victorieuses de vos égoïsmes poussés.

Je suis DAREY, bactérie naturellement résistante et tout porte à me faire regarder vers l'avenir.

CHAPITRE 15 : QUE PENSES-TU DES PLANS DE LUTTE

La stratégie a de tout temps été importante dans chaque lutte sérieuse. Celle qui vous concerne à l'heure actuelle, parait vraisemblablement être le combat contre la résistance antimicrobienne, ce qui signifie que vous avez planifié des méthodes pour avoir raison des microbes, surtout en relation avec leur caractère résistant. Vous êtes pour ainsi dire engagés dans une guerre qui visera à terme mon anéantissement. La vérité fait de moi DAREY, la bactérie résistante depuis la naissance et méritant visiblement tout votre intérêt. Vous me parlez aujourd'hui des plans de lutte, non pas pour me passer une information, mais plutôt pour avoir mon avis, sur cette question encore problématique dans vos sociétés. Je suis assez ouverte au débat et prête comme toujours à vous livrer mes impressions déjà assez assombries par le doute et la peur du chaos. J'aimerais vous dire de prime abord qu'en tant qu'intelligents, il n'y aurait jamais rien eu d'aussi astucieux que ces plans que vous avez élaborés et adoptés.

Ce sont en quelque sorte des lois que vous vous êtes imposées pour atteindre votre noble but. C'est pourquoi, si j'avais eu le privilège d'avoir des mains, j'aurais applaudi sans hésiter à ces lois. Hélas, je n'en ai pas et ce n'est de toutes les façons pas la question de circonstance. Il s'agit de penser et d'apprécier les plans de lutte.

J'ai ouïe dire que vous en avez conçu deux ; l'un étant la copie contextualisée de l'autre. Mais comme toute bonne loi, la véritable valeur de ces plans de lutte n'aura de sens que si la mise en œuvre effective de cette loi sur le terrain est une réalité.

J'ai adopté la bonne attitude de beaucoup faire confiance en l'humanité, sous réserve d'une déception flagrante pouvant faire basculer la chaine de confiance au profit du doute. Vous avez planifié globalement et localement la lutte contre la résistance aux antimicrobiens avec des objectifs, les uns beaucoup plus nobles que les autres.

À l'heure actuelle, j'attends de voir la conversion de ces belles paroles consignées dans vos documents stratégiques en réalité concrète sur le champ d'action. Ce n'est plus un secret pour personne, vu que vous avez détecté la menace et décidé d'intervenir. C'en ai certainement fini avec l'ère des discours éloquents ; il est temps pour vous de passer massivement à l'action percutante et exerçant une influence, sinon vos textes deviendront assez vite, de vieilles archives vides de sens. Je crois vous avoir dit que j'admirais énormément vos plans de lutte, pour ce qui est du contenu, mais j'aimerais que cette admiration gagne en assurance. La condition suffisante et nécessaire est la simple implémentation quotidienne.

Je suis tout simplement DAREY et même si la possibilité de votre assiduité est un danger pour moi, je me permettrais tout de même de la désirer car je suis une bactérie passionnée par tout ce qui est fait avec beaucoup de soin. Votre société en a certainement besoin et dispose fort-heureusement de divers acteurs pour mener à bien ce projet.

Nous avons évoqué la question des médecins, vétérinaires et pharmaciens, celles des étudiants et en fin celle de la communauté internationale, cequi fait penser que la masse institutionnelle relative à la mise en œuvre de vos plans est bel et bien solidement installée et que seule la volonté politique, si vous en avez encore, pourrait servir de moteur à cette machine institutionnelle.

Après avoir observé vos sociétés humaines pendant plusieurs années, ma propre expérience bactérienne me donne de pouvoir vous proposer une ou deux stratégie(s). Dans un contexte où la conscience et l'éthique professionnelles seraient de mise, faites confiance à vos acteurs et le travail sera accompli. Mais si la déontologie et la volonté perdent du terrain, faites appel au gendarme et vous jouirez des retombées positives du travail des acteurs impliqués.

Vous avez des efforts de sensibilisation et de recherche à faire ; vous avez un combat réel à mener contre l'incidence des infections ; vous avez le devoir d'optimiser, de façon rationnelle, l'utilisation des médicaments et d'investir dans les systèmes de santé en général. Une tâche assez lourde et même insupportable, si elle ne revenait qu'à une seule personne. Mais je sais que, comme dans le monde bactérien et bactérien résistant en occurrence, c'est l'union qui fait la force.

Vous êtes, comme j'aime souvent le dire, assez intelligents. Mettez-la donc en valeur en intégrant chacun des acteurs clés de votre santé pour faire de vos plans écrits, des réalités vécues. Je fais confiance en la puissance de la communauté internationale et à celle des pouvoir publics, alors agissez tout en ayant des pensées nobles pour DAREY, la bactérie résistante que je suis. En attendant votre décision finale, nous pouvons aller de l'avant.

CHAPITRE 16 : QUE PENSES-TU DES HÔPITAUX ?

Puisque vous adoptez dans vos coutumes l'appellation de plateau du savoir pour parler des institutions académiques, je pense qu'il serait également approprié de dire des hôpitaux qu'ils sont des plateaux de la santé. Un milieu hautement respecté qui est utilisé jour et nuit par des « blouses blanches »[19] de diverses manières. Les hôpitaux sont ces sites où réside l'espoir de ceux qui ont été inquiétés par des troubles fonctionnels, infectieux, et structurels. C'est une voie vers un destin tantôt fataliste, tantôt vivement ou sombrement coloré. La maladie et les germes en cause sévissent permanemment dans les hôpitaux de et ne crée aucun frisson, tant que l'hôpital est en bonne santé.

En effet, entendons-nous bien, puisque nous parlons des hôpitaux et pas forcément des malades qui y sont. Nous échangeons pour établir des relations probables de résistance car il s'agit de ma spécialité de naissance.

Je suis donc DAREY, la bactérie naturellement résistante et faisant désormais inclusion dans les hôpitaux. Ces milieux sont conçus pour accueillir des porteurs des diverses pathologies, ce qui entraine un flux infectieux de diverses pathogènes vers cette zone de convergence qui est l'hôpital. Ce phénomène plutôt normal peut être lourd de conséquences en cas d'indiscipline même mineure. Toute négligence ici réside, si elle existe dans le respect rigoureux des mesures d'hygiène appropriées car, à la moindre erreur insignifiante, le mot « iatrogène »[20] se fera l'honneur d'être valorisé.

De ce fait, l'hôpital est capable de devenir très rapidement un couteau à double tranchant, lorsque les lettres de noblesse de ses règles de fonctionnement ne sont pas respectées. Si vous avez l'intention de savoir de quelles règles il s'agit, n'espérez pas en mon intervention pour vous les communiquer car c'est le fruit de votre grande intelligence qui les a conçues. Mais en tant qu'une bactérie purement et simplement résistante, je préfère passer sous silence ces lois hygiéniques et ces règles de bonne conduite que vous maitrisez mieux que moi. Malheureusement, le prix de votre ignorance et de votre négligence est souvent très lourd à porter car il contribue probablement à l'épanouissement des congénères de DAREY, la bactérie résistante que je suis.

[19]Le personnel de santé

[20]Se dit des infections causées par du matériel médical souillé

Dans vos études scientifiques pointues, vous avez pointer le doigt accusateur sur les bactéries résistantes comme responsable de plus de la moitié des infections en milieu hospitalier, ce qui a rapidement rendu célèbre le mot nosocomial. Les infections et maladies nosocomiales sont, en effet un casse-tête chinois pour les médecins qui sont chargés de coordonner les activités de bases dans les hôpitaux. Ce sont les « blouses blanches » de haut niveau et vous pouvez aisément comprendre pourquoi les plus grosses insuffisances peuvent être attribuées.

En effet, toute erreur ou négligence médicale provient de près ou de loin d'un médecin, ce qui pourrait alors le rendre plus dangereux que la maladie elle-même. Ceci entrainerait, de ce fait, une situation dans laquelle l'hôpital qui est un centre de promotion et de recouvrement du bien être deviendrait un lieu malicieux à éviter absolument.

Quand se seront levés ces jours où vous comprendrez que vos hôpitaux sont censés être bien plus des centres de guérisons que d'infections, la voie pourra alors être considérée comme ouverte, car, en fait, vous ne pouvez-vous contenter de regarder indéfiniment une telle situation de façon inactive et complice si je peux me permettre le terme.

Au moment où vos citoyens font de moins en moins confiance aux « blouses blanches », on peut donc se demander, si le médecin est un guérisseur ou un pernicieux. J'ai sincèrement de la peine pour vous et pourtant vos mauvaises pratiques sont impeccables pour le monde bactérien.

Des colonies nouvelles ne cessent de proliférer pour assurer la postérité bactérienne. Vos hôpitaux sont aujourd'hui des paradis auxquels une bonne dose d'enfer s'est mêlée et ne se lasse de gagner du terrain.

Il est à mon avis temps pour vous de frapper le point sur la table pour que luise une nouvelle étoile dans ces structures de santé agréées.

Bactérie résistante un jour, bactérie résistante toujours, je suis DAREY et je me plais à passer d'agréables moments très riches en émotions avec votre humanité. Le fardeau que je porte consiste à vous soutenir dans vos actions, mais reconnaissez toutefois que ma toute petite taille se pose souvent en obstacle à mon épanouissement intégral pour mieux vous venir en aide. De toute façon, continuons !!!

CHAPITRE 17 : QUE PENSES-TU DES LABORATOIRES ?

Ah les laboratoires ! Si vous me dites être des scientifiques, alors il faudrait avouer que les laboratoires n'ont aucune chance d'être des structures étrangères à votre quotidien. En effet, lorsque le philosophe spécule sans fin, vous autres scientifiques, trouvez la juste mesure pour clore le débat avec l'expérimentation stricte.

Le laboratoire devient ainsi l'un de vos plus précieux trésors en matière de recherche scientifique. Toutefois, comme je ne cesse de le marteler depuis les premières heures de cette conversation, toutes vos structures institutionnelles, aussi théoriquement importantes qu'elles soient, ne sauraient l'être assez longtemps, si au moment de passer à la pratique, la rigueur est délaissée. Je le dis assurément en tant que bactérie résistante, mais ma parole vaut tout de même son pesant d'or.

Je suis DAREY, la bactérie naturellement bénie de son caractère résistant et je m'évertue à écrire quelques pages de l'histoire de l'humanité.

Il est si beau d'être en compagnie de l'humanité et de visiter assidument chacune de ses institutions, mais il me semble également assez triste de les voir autant souffrir. Croyez-moi, j'ai de la peine en vous voyant souffrir le martyr dans tous vos conflits liés à l'égoïsme déraisonné des nations, à la discrimination et plus encore, à la torture incontestée infligée par les bactéries résistantes.

Nous avons remarqué précédemment que vous aviez déjà des stratégies adoptées, pour atteindre l'objectif de votre propre bien-être, ce qui visiblement méritait des récompenses, si nécessaire.

Cependant, nous parlons là d'une question assez délicate et suffisamment sérieuse qui requiert une attention absolue : la résistance aux antimicrobiens. De plus, en me basant sur notre dernière question en date, il me semble bien que la réflexion doit se tourner à présent vers les relations qu'entretiennent les laboratoires avec cette calamité qu'est la résistance.

Lorsque nous avons précisé plus haut que le laboratoire se trouve au cœur même de toute démarche scientifique, je ne trouve ici aucune contrainte, pouvant changer cette définition en ce qui concerne le cas de la recherche aux antimicrobiens. En effet, grâce à de fines méthodes de prospection, les laboratoires sont capables de détecter avec précision, des cas de résistance d'une part, ainsi que des cas de compatibilité et d'incompatibilité entre microbes et antimicrobiens d'autre part. Cette méthode qualifiée d'« antibiogramme » dans le cas des antibiotiques est l'une des contributions essentielles des laboratoires dans le combat logique contre la résistance bactérienne. Ce sont les laboratoires qui sont chargés d'effectuer ces travaux, grâce à l'intervention des acteurs médicaux et biologistes qui agissent respectivement dans la prescription et la réalisation des examens sollicités.

Ce travail est finalement comparable à un effort en chaine dans lequel la place de chaque maillon est primordiale. Et dans ce cas, la place du laboratoire se trouve presque toujours en fin de chaine, afin d'aider les prescripteurs et les décideurs sur les mesures à prendre dans les traitements pour ce qui est des prescripteurs et de la législation, pour ce qui est des décideurs.

Je pense, en tant que bactéries résistantes, que seuls les laboratoires capables de donner en temps réel la liste des bactéries résistantes et endémiques dans vos localités pourraient mériter le statut de laboratoire sérieux, s'il en était un.

Je ne sais très clairement que penser des laboratoires, même s'il est vrai qu'ils s'érigent de temps à autre contre la menace d'antibiorésistance. J'éprouve, malgré tout, un immense sentiment de respect envers ses acteurs que sont les chercheurs et laborantins. Ainsi, il devient urgent pour ces derniers de gagner en compétence, en éthique et en rigueur professionnelle, pour que leurs pieds se posent à point nommé dans la construction de l'édifice anti résistance microbienne.

Je suis depuis peu en train d'écrire quelques pages de l'histoire de l'humanité, mais rassurez-vous que je n'aie aucun désir qu'elles soient les dernières. Faites de même dans un élan de gratitude et ne recherchez pas forcément à rédiger les dernières pages de mon histoire car, bien que bactérie résistante, je fais aussi partie de la biodiversité dont la conservation et la préservation vous ont toujours tenue à cœur.

Bactérie résistante depuis la création, je suis DAREY et malgré les grandes envergures que peut prendre ma vie, je préfère une vie optimale et pleinement animée de commodités diverses. J'ai de la peine pour tous ces humains souffrants ; cependant, je désire aussi ardemment une vie intense. Une fois de plus, je fais confiance en votre intelligence, trouvez le juste équilibre.

CHAPITRE 18 : QUE PENSES-TU DES MÉDIAS ?

Les médias sont un univers fabuleux capable de vous faire rêver ou plutôt de briser vos rêves. Ce sont des courroies de transmission des messages d'importance diverse. Les médias sont capables de porter tout un peuple d'une situation de paix vers une humeur belliqueuse. Mais aussi, ils sont à même d'aliéner ou de pervertir la mémoire collective de toute une nation selon la loi qui stipule que « le toujours vu, même s'il est mensonger, ne manquera bientôt de devenir vérité universelle. » Or, toute conscience collective corrompue est la mort de la nation intègre au profit de la naissance d'une citoyenneté sans valeur, ou riche d'une valeur qui plane au sommet de la médiocrité.

Mais alors, puisque mon rôle en ce jour n'est pas d'élever la voix sur les médias de manière à généraliser, il serait mieux que le débat soit recadré suivant l'orientation de votre question. Il est demandé à une bactérie de dire ce qu'elle pense des médias. Aussi étonnante que cela puisse paraitre, je vais répondre à votre question de façon claire et nette car je suis une bactérie, pas n'importe laquelle, je suis DAREY, la bactérie résistante.

À présent, je vais vous exposer ma pensée en rapport avec les médias. Le couronnement coloré de toute activité est la communication, elle qui est assurée en principe par les médias. Ces derniers sont un moteur qui a du pouvoir auquel les communautés humaines ont attribué le quatrième rang.

Les médias sont ainsi le « quatrième pouvoir »[21] capable de vous sauver la vie. Vous traversez actuellement une crise calamiteuse liée à la résistance des microorganismes qui tiennent de plus en plus tête à vos molécules supposées actives. Vous avez pourtant réussi à répertorier tous les facteurs en cause et seule manque à l'appel actuellement, la question de la mise en œuvre d'une communication de qualité. Avec les voix suaves et mielleuses des communicateurs dont la diction est recouverte d'une coloration particulièrement musicale, le message à transmettre attire forcement l'attention de chaque couche sociale. Il est de nos jours connu dans vos sociétés humaines que, la beauté est ce qui fascine le plus facilement jeunes et moins jeunes.

Ainsi, chaque message pour se faire désirer ne place jamais l'élément séducteur primordial, c'est-à-dire la beauté au second plan. La masse des médias ferait normalement trembler une balance

[21]Se dit du métier des médias

sérieuse, au vu de leur nombre océan. Le problème que vous traversez actuellement est premièrement méconnu par plusieurs d'entre vous, d'où la nécessité d'une sensibilisation franche au plus bas niveau de l'échelle, c'est à dire les populations défavorisées.

Les plateformes et canaux de diffusion de la bonne information fusent de toute part et ne sont en général limitées qu'au niveau des contenus à partager. Leur faible créativité vous pourrit souvent la vie par des programmes de seconde main et pourtant d'énormes masses d'informations utiles se contentent de la position peu enviable d'officieuses. Tandis que les réseaux sociaux, malgré leur grande accessibilité se donnent à une vitesse effroyable à la pourriture des contenus malicieux.

Il est donc temps pour vous de prendre votre destin en main, afin de rediriger vos médias vers des sentiers acceptables et capables de vous sortir de cette situation qui avoisine carrément l'impasse.

Vous ne pouvez pas continuer de vous souler les esprits alors que la menace mortelle rode autour de vous ; et encore moins vous laisser aller aux contenus évasifs des réseaux sociaux au moment même où la situation se fait critique. Les médias sont à vous et sous votre autorité, il vous revient donc de définir une feuille de route répondant à vos objectifs, afin que leurs lignes éditoriales militent désormais pour vos intérêts les plus grands et les plus nobles.

Vous avez élaboré des plans globaux et nationaux de lutte contre la résistance antimicrobienne, il convient donc qu'ils soient vulgarisés, afin que nul n'en ignore car la menace est réelle et nécessite impérativement une prise de conscience générale. Alors, quoi de plus convenable que les médias pour assurer une telle fonction ? Vous êtes avertis ; à vous de voir s'il vous convient d'utiliser ces atouts à bon escient ou pas. Quant à moi, je ne crois pas qu'il y ait une possibilité que je sois autre chose que ce que je suis. DAREY c'est mon nom, la bactérie résistante depuis sa création et devenue célèbre, grâce à l'action des humains, qui sont pour la plupart ennemies du respect des règles quelles qu'elles soient.

La séparation peut s'avérer douloureuse, mais elle finit toujours par se produire. Je vais donc devoir prendre congés de vous dans très peu de temps, en espérant que l'humanité aura reçu des leçons de cet entretien aux allures de pseudo monologue.

CONCLUSION

Nous parvenons à la fin d'un parcours riche de sensations au côté de l'humanité actuellement perturbée par la résistance aux antimicrobiens. L'état des lieux a été fait à la lumière des dix-neuf (19) questions que vous aviez soigneusement choisies pour éclairer votre lanterne.

Sur ce coup-là, je crois avoir admiré de façon sincère votre élan d'humilité car vous vous êtes rabaissé au niveau d'une bactérie, quoiqu'elle soit résistante. C'est également un signe de maturité car plus vous devenez aptes à mettre en pratique vos enseignements, mieux l'on peut comprendre votre niveau de croissance spirituelle intégrale.

La loi selon laquelle les actes parlent plus fort que les mots gagne tout son sens. Vous avez, dès le départ, tenu à savoir d'où je venais et dans ma générosité ineffable, je vous ai aussi précisé ma destination car c'est à mon avis des éléments qui peuvent vous être utiles. Mes pensées par rapport aux bactéries sensibles m'ont donné de remercier le tout puissant dieu des bactéries de la grâce dont il m'a comblé en me faisant bactérie résistante, et particulière par rapport aux autres microbes.

C'est vrai qu'il est de notre nature d'entrer en tête de lice dans le processus de la genèse des infections et des infestations. Cependant, que feriez-vous si vous étiez à ma place ? mourir pour l'humanité ? je crois que non ! Et de toute façon, j'ai des projets très ambitieux à court, à moyen et à long terme. Alors, je vous conseille de trouver un terrain d'entente pour équilibrer la situation car vous êtes les plus intelligents.

Si vous jouez le malin, vous en paierez forcement le prix. Ce qui est visible dans vos firmes pharmaceutiques aujourd'hui n'est pas de nature à donner espoir, puisque plusieurs d'entre elles tournent progressivement le dos aux antimicrobiens.

Et pour empirer la situation, le peu de molécules antimicrobiennes que vous possédez est malmené comme s'il était un bien sans valeur ; en conséquence, DAREY la bactérie résistante que je suis se fait encore plus de congénères. Vous avez à votre disposition des jeunes capables encore d'étudier et de faire la différence, formez-les et ils ne vous décevront pas. Ils pourront devenir des agriculteurs, vétérinaires, médecins et pharmaciens ayant des compétences nécessaires et l'engagement pour agir dans l'intégrité et exercer une influence sur la société.

Ainsi, ils seront bientôt finis ces jours où le médicament se vendait comme des vivres frais à tout bout de champs car les pouvoirs publics, eux aussi sérieux, agiront forcément dans le sens de l'épanouissement de l'humanité.

La communauté internationale, plus forte que jamais, deviendra à cet effet l'instance coordonnatrice de premier ordre. Ce qui est même déjà visible à l'heure actuelle par la haute qualité des plans globaux, accompagnés de plans nationaux de lutte contre la résistance antimicrobienne. Tout sera ainsi fait de telle sorte que les hôpitaux redeviennent des centres de bien être vaillamment soutenus par les laboratoires agréés. Il revient donc aux médias de faire passer le bon message.

J'étais et je reste DAREY, la bactérie résistante. À très bientôt pour une nouvelle aventure en couleurs.

Printed by Books on Demand GmbH, Norderstedt / Germany